BEI GRIN MACHT SICH IHR WISSEN BEZAHLT

- Wir veröffentlichen Ihre Hausarbeit,
  Bachelor- und Masterarbeit

- Ihr eigenes eBook und Buch -
  weltweit in allen wichtigen Shops

- Verdienen Sie an jedem Verkauf

Jetzt bei www.GRIN.com hochladen
und kostenlos publizieren

Bibliografische Information der Deutschen Nationalbibliothek:

Die Deutsche Bibliothek verzeichnet diese Publikation in der Deutschen National-
bibliografie; detaillierte bibliografische Daten sind im Internet über http://dnb.d-
nb.de/ abrufbar.

Impressum:

Copyright © 2017 GRIN Verlag
Druck und Bindung: Books on Demand GmbH, Norderstedt Germany
ISBN: 9783346050892

Alejandro Pelegri

Die regionale Bedeutung der Azoren für Portugal im Wandel

GRIN Verlag

Universität Landau

Fachbereich 7

Institut für Naturwissenschaften

und

Naturwissenschaftliche Bildung

Die regionale Bedeutung der Azoren für Portugal und deren Entwicklung

Hausarbeit im Seminar „Regionalgeographie Europa / Außereuropa"

Alejandro Pelegri

8. Fachsemester

Abgabedatum: 31.10.2017

Inhaltsverzeichnis

Verzeichnis der Abkürzungen / Abkürzungsverzeichnis

AHK Portugal	**Ausländische Handelskammer Portugal**
BIP	**Bruttoinlandsprodukt**
BMWI	**Bundesministerium für Wirtschaft und Energie**
bzw.	**Beziehungsweise**
ca.	**circa**
EFRE	**Europäischer Fond für regionale Entwicklung**
ELER	**Europäischer Landwirtschaftsfond für die Entwicklung des ländlichen Raumes**
EMFF	**Europäischer Meeres- und Fischereifond**
ESF	**Europäischer Sozialfond**
ESI	**Europäischer Struktur- und Investitionsfond**
EU	**Europäische Union**
EUCC	European Coastal & Marine Union
GTAI	German Trade and Invest
GWS	Gesellschaft für wirtschaftliche Strukturforschung
ha	Hektar
IWF	Internationaler Währungsfond
KF	Kohäsionsfond
km	**Kilometer**
km²	**Quadratkilometer**
KMU	**Kleine und mittlere Unternehmen**
LNF	**Landwirtschaftliche Nutzfläche**
Mio.	**Millionen**
Mrd.	**Milliarden**
t	**Tonnen**
z.B.	**zum Beispiel**

1 Einleitung

"Vor drei Jahren waren Badestellen wie in der Caldeira Velha oder auch der Poca da Dona Beija noch umsonst. (...) Jetzt zahlst du drei Euro, und alles ist abgesperrt." (GINZEL 2017), so sagt Yves Decoster, ein berühmter Künstler auf den Azoren in einem Interview des Spiegel Online.

Wirtschaftliche Entwicklung ist nicht nur ein Phänomen, bei dem sich Daten ändern und die Wirtschaft einen Anpassungsprozess an diese Daten vollzieht, so SCHUMPETER (1912, S. 103). Er ist vielmehr der Meinung, dass wirtschaftliche Entwicklung der fundamentale Vorgang einer kapitalistischen Wirtschaft sei, welche als Äußerung Wachstum mit sich bringen kann, jedoch nicht mitbringen muss (SCHUMPETER 1912, 434f.). LORD ROBBINS (1968, S. 4), konkretisiert den Begriff und definiert ihn als eine Änderung bestimmter Indikatoren wie dem realen pro Kopf Einkommen. Zudem ergänzt HEMMER (1988, S.4), dass Merkmale wie die Infrastruktur, Arbeitslosigkeit, Bevölkerungswachstum und Ähnliches wirtschaftliche Entwicklung ausmachen. Damit würde demzufolge eine Verbesserung dieser Indikatoren und Merkmale den Lebensstandard erhöhen und somit wirtschaftliche Entwicklung stattfinden. Schon damals hat sich SCHUMPETER (1912, S.467) die Fragen gestellt, welche konkreten Veränderungen die wirtschaftliche Entwicklung mit sich bringt, wie diese zustande kommen und ob Regelmäßigkeiten zu erkennen sind. Doch wie schnell findet die wirtschaftliche Entwicklung heutzutage statt? Wie sieht der Prozess aus? Was bringt der Wandel mit sich? Wer profitiert von wirtschaftlichem Wachstum und wer bringt beziehungsweise (bzw.) hält ihn in Bewegung? Außerdem welche Bedeutung haben einzelne Regionen für die Entwicklung eines ganzen Landes?

Anhand dieser Fragestellungen soll die wirtschaftliche Entwicklung mit ihren unterschiedlichen Facetten am Beispiel des Archipels der Azoren vorgezeigt werden. Deshalb lautet der Titel der vorliegenden Arbeit "Die regionale Bedeutung der Azoren für Portugal und deren Entwicklung". Die Thematik soll in drei Teilen analysiert und beschrieben werden. Zuerst werden in Kapitel 2 "Allgemeines zu den Azoren" Eckdaten und Informationen zu der Lage sowie geographischen Fakten zur autonomen Region an sich vorgestellt. Dieses Kapitel dient lediglich dazu einen Überblick von der in dieser Arbeit behandelten Region zu bekommen. Anschließend soll Kapitel 3 "Die Wirtschaft Portugals" Einblick über den wirtschaftlichen Stand geben. Dabei sollen die wirtschaftlichen Sektoren und andere allgemeine wirtschaftliche Daten thematisiert werden. Einhergehend damit wird nicht nur die Wirtschaft Portugals, sondern auch die Wirtschaft der Azoren erläutert werden. Dabei gliedert sich die Analyse der azorianischen Wirtschaft in verschiedene Bereiche die als Schwerpunkte thematisiert werden. Dazu zählen das Wirtschaftsgefüge, der Tourismus, der primäre Sektor sowie die Wirtschaftsprogramme, an denen die Inselgruppe teilgenommen hat. Abschließend werden in Kapitel 4 "Prognosen", aus den davor bearbeiteten Themen, Schlussfolgerungen genannt, aufzeigt und die Bedeutung der Azoren als Region in Relation zum ganzen Land Portugal gesetzt. Zum Abschluss der Arbeit liefert das Fazit einen kurzen und zusammenfassenden Überblick von dem zuvor behandelten Inhalt. Außerdem wird auf die Fragestellungen aus der Einleitung eingegangen.

2 Allgemeines zu den Azoren

In diesem Kapitel werden allgemeine Informationen zu den Azoren benannt und erklärt. Zuerst wird kurz auf die Lage der Azoren eingegangen und weitere geographisch wichtige Fakten aufgezeigt (Kapitel 2.1). Anschließend wird in Kapitel 2.2 „Die autonome Region" mit ihren Bewohnern betrachtet. Dazu werden alle nötigen Rahmendaten aufgelistet.

2.1 Lage und geographische Fakten

Der Archipel der Azoren liegt im Nordatlantik und besteht aus neun Inseln. Die Inselgruppe befindet sich ungefähr 1500 Kilometer (km) westlich des Festlands von Portugal und 3900 km der östlichen Küste von Amerika. Zudem ist sie eine von sieben Regionen in Portugal. Die westlichste und östliche Insel des Archipels liegen ungefähr 600 km voneinander entfernt. Außerdem variiert die Größe der Inseln von 17 Quadratkilometern (km²) bis zu 759 km². Die Gesamtfläche der Azoren beträgt 2.322 km², das entspricht 2,6% von der Gesamtfläche Portugals (inklusive der Inselgruppen Madeira und der Azoren). Somit macht die kleinste Insel einen prozentualen Flächenanteil von 0,74% aus, während die größte Insel 32,07% beträgt. EUROPEAN COMISSION 2013, S.10ff.

Laut dem EUROPÄISCHEN PARLAMENT (2015, S.11) sind die Azoren in drei Gruppen unterteilt. Eine westliche Gruppe, eine zentrale Gruppe und eine östliche Gruppe. Zu der westlichen Gruppe gehören die Inseln Corvo (17 km²) und Flores (141 km²). Die zentrale Gruppe besteht aus Faial (173 km²), Pico (446 km²), São Jorge (243 km²), Terceira (403 km²) und Graciosa (60 km²). Die Inseln Santa Maria (96 km²) und São Miguel (759 km²) bilden die östliche Gruppe. Dass die Inseln so weit voneinander entfernt zu lokalisieren sind, liegt an dem vulkanischen Ursprung. Durch das Aufeinandertreffen der nordamerikanischen Platte, der eurasischen Platte und der afrikanischen Platte kommt es zu verschiedenen tektonischen Prozessen, welche die Inseln entstehen ließen und nun voneinander weg driften lassen. Dadurch entstand auch der Vulkan Pico, der höchste Berg der Azoren mit 2.352 Metern über dem Meeresspiegel auf der gleichnamigen Insel. EUROPÄISCHES PARLAMENT 2015, S. 11

Durch "die geographische Abgeschiedenheit der Inseln und ihr vulkanisches Relief" (EUROPÄISCHES PARLAMENT 2015, S.12) sind hier besondere Landschaften, Ökosysteme und Biotope entstanden. Dazu gehört auch die besondere Lage am Golfstrom, durch die "ein ozeanisch – subtropisches Klima mit Feuchtwäldern und Halbsträuchern" (ebd.) entsteht. Regenfälle finden hier das ganze Jahr über statt und sorgen für einen Gesamtniederschlag von 1.930 Millimetern. Die Durchschnittstemperatur liegt zwischen 14 °C und 18,8 °C. EUROPÄISCHES PARLAMENT 2015, S. 12

2.2 Die autonome Region

"Portugal lässt sich in fünf kontinentale Regionen (...) und zwei autonome Regionen (Azoren und Madeira) gliedern", so die Deutsch – Portugiesische Industrie- und Handelskammer AHK PORTUGAL (2017, S. 11). EUROPÄISCHES PARLAMENT (2015, S. 14) berichtet, dass die portugiesischen autonomen Regionen umfassende exekutive und legislative Befugnisse sowie die wichtigsten regionalen Körperschaften, nämlich die Regionalregierung und das Regionalparlament, besitzen. Ungefähr 247.700 Inselbewohner leben auf den Azoren, während mehr als die Hälfte davon auf der größten Insel, São Miguel mit knapp 138.600 Menschen leben (BUNDESMINISTERIUM FÜR WIRTSCHAFT UND ENERGIE (BMWI) 2015, S. 89). Dies "entspricht 2,4% der portugiesischen Gesamtbevölkerung", so das EUROPÄISCHE PARLAMENT (2015, S.12), woraus mit 106 Personen pro Quadratkilometer ein etwas kleiner Wert als bei dem Durchschnitt der portugiesischen

Bevölkerungsdichte erzielt wird. Die AUSSENWIRTSCHAFT AUSTRIA (2017, S. 29) berichtet, dass in der autonomen Region der Azoren geringere Steuersätze gezahlt werden müssen. Dabei sind die Verbrauchssteuer sowie alle anderen wichtigen Steuern betroffen.

Von 2001 auf 2011 hat, aufgrund von Immigration, die Bevölkerung um 2% zugenommen. Zudem waren 50,8% der Einwohner des Archipels weiblich und damit im Umkehrschluss 49,2% männlich. Des Weiteren hat die Geburtenrate seit dem Jahr 2000 abgenommen genau wie die Sterblichkeitsrate und die Eheschließungen. Jedoch liegen Geburtenrate und Eheschließungen über dem portugiesischen Durchschnitt und die Sterblichkeitsrate ungefähr im Durchschnitt. Die Bevölkerungsentwicklung zeigt, dass es immer weniger jüngere Menschen gibt und vor allem im Alter von 30 bis 60 Jahren ein großer Zuwachs zu sehen ist. EUROPEAN COMISSION 2013, S.59f.

3 Die Wirtschaft Portugals

Dieses Kapitel wird sich mit der Wirtschaft Portugals im Ganzen befassen. Dazu werden zu Beginn allgemeine wirtschaftliche Daten und Fakten genannt (Kapitel 3.1), die Portugal als Nation (einschließlich Madeira und die Azoren) charakterisieren. Anschließend wird genauer auf die Wirtschaft der Azoren eingegangen (Kapitel 3.2). Dabei wird die wirtschaftliche Entwicklung der Azoren innerhalb vier Bereiche analysiert. Zuerst wird in dem Kapitel 3.2.1 die Wirtschaftsgefüge der Region dargelegt. Anschließend zeigt Kapitel 3.2.2 die Entwicklung im Tourismussektor auf. Kapitel 3.2.3 widmet sich dem primären Sektor und der damit verbundenen weiterverarbeitenden Industrie. Das letzte Unterkapitel zeigt verschiedene Wirtschaftsprogramme der Europäischen Union (EU) und deren Ziele in der wirtschaftlichen Entwicklung auf. Diese Ziele werden im Kapitel 3.3 weitergeführt und dabei wird der Wirtschaftsplan 2014 – 2020 der Azoren vorgestellt sowie dessen Richtlinien, Hintergründe und Beispiele zur Umsetzung der Ziele genannt und aufgezeigt.

3.1 Allgemein wirtschaftliche Daten

Laut der Gesellschaft der Bundesrepublik Deutschland für Außenwirtschaft und Standortmarketing German Trade and Invest liegt das Bruttoinlandsprodukt (BIP) Portugals bei 184,9 Milliarden (Mrd.) Euro (Stand: 2016) (GERMAN TRADE AND INVEST (GTAI) 2017c). Zum Vergleich, das BIP Deutschlands liegt im gleichen Jahr bei 3.132,7 Mrd. Euro. Das BIP ist der Wert aller Güter und Dienstleistungen die innerhalb eines Landes erwirtschaftet werden, einschließlich der Erzeugnisse ausländischer Firmen im eigenen Land, so die BUNDESZENTRALE FÜR POLITISCHE BILDUNG (2017). Der große Unterschied der Werte zwischen Deutschland und Portugal ist auf die Differenz der Einwohneranzahl zurückzuführen, da dies lediglich ein nominaler Wert ist. Eine Nation wie Portugal mit 10,31 Millionen (Mio.) Einwohnern kann nicht so viel wie Deutschland mit 82,7 Mio. Einwohnern erwirtschaften (Stand: 2016). Deswegen sagt das BIP pro Kopf, da es nun auf die Bevölkerung heruntergerechnet ist, mehr aus. Im Jahr 2016 liegt das BIP pro Kopf Portugals bei ungefähr 17.900 Euro und Deutschlands bei 37.900 Euro (GTAI 2017c). Damit befindet sich Portugal an 17. Stelle im europäischen Vergleich, so AHK PORTUGAL (2017, S. 12), denn der Durchschnitt liegt hier bei 29.000 Euro pro Kopf. Somit erzielt Portugals BIP pro Kopf 78% des europäischen Durchschnitts, heißt es im Exportbericht Portugal der AUSSENWIRTSCHAFT AUSTRIA (2017, S. 7). Das AUSWÄRTIGE AMT (2017) prognostiziert einen BIP – Wachstum von 1,5% im nächsten Jahr.

Portugal hatte stark unter der globalen Finanzkrise von 2009 bis 2013 zu leiden. So musste das Land im Jahr 2011 um einen Internationalen Währungsfond (IWF) bitten. Die EU billigte für den Zeitraum von 2011 bis 2014 Kredite in Höhe von insgesamt 76,5 Mrd. Euro. Im Gegenzug mussten weitere Verschuldungen bis zum Jahr 2015 unter drei Prozent des eigenen BIP gehalten werden, so steht es im Kurzreport der GESELLSCHAFT FÜR WIRTSCHAFTLICHE STRUKTURFORSCHUNG (GWS) (2016, S. 2f.). Die geringe Dynamik der Wirtschaftskrise lies die Arbeitslosenquote zu einem Rekordhoch von knapp 18% im Jahr 2013 steigen. "Seitdem ist sie jedoch stetig gesunken", teilt die AHK PORTUGAL (2017, S. 16) mit. Laut neustem Stand, Februar 2017, liegt die Arbeitslosenquote bei 9,8% (ebd.). Erstaunlich, jedoch typisch für die südeuropäischen Länder, ist die hohe Arbeitslosigkeit der Jugendlichen. Im Jahr 2013 waren 42% aller Jugendlichen nicht beschäftigt (GWS 2016, S. 2). Das AUSWÄRTIGE AMT (2017) meldet im April 2017 eine Jugendarbeitslosigkeit von noch 27,7%. Die Zielmarktanalyse der AHK

PORTUGAL (2017, S. 15) berichtet, dass der höchste Anteil mit ungefähr 70% der rund 5,2 Mio. Arbeitstätigen in Portugal, die Altersgruppe von 35 bis 64 Jahren bildet. Zudem erhält Portugal im Zeitraum von 2014 bis 2020 die sogenannten Europäischen Struktur- und Investitionsfonds (ESI) von der EU, welche das Land mit 25,8 Mrd. Euro unterstützen sollen. Zusätzlich stellt Portugal selbst 6,9 Mrd. Euro als Investition zur Verfügung. Damit hat das Land ein Gesamtbudget von 32,7 Mrd. Euro. Ziel ist es Arbeitsplätze sowie eine nachhaltige und gesunde europäische Wirtschaft und Umwelt zu schaffen (EUROPEAN COMISSION 2017).

Portugal hat mit einem prozentualen Anteil von 8,6% einen hohen Anteil an Erwerbstätigen im primären Sektor. Dieser erwirtschaftet jedoch lediglich 2,4% des BIP (AUSSENWIRTSCHAFT AUSTRIA 2017, S. 6f.). Laut AHK PORTUGAL (2017, S. 13) arbeiten 68,1% der gesamten Bevölkerung im tertiären Sektor und machen damit sogar mehr als 75% des BIP aus. Der Industriesektor beschäftigt 24,3% der Bevölkerung und erzeugt damit knapp 22% des BIP. Innerhalb des Dienstleistungssektors nimmt die Tourismusbranche einen besonderen Stellenwert ein. GWS (2016, S.1) meldet, dass alleine der Tourismussektor ca. 16% des BIP ausmacht.

Die Güter die Portugal jährlich einführt übersteigen die Waren, welche ausgeführt werden. Im Jahr 2016 wurden Waren im Wert von 61,1 Mrd. Euro importiert, während lediglich Erzeugnisse im Wert von 50,3 Mrd. Euro exportiert wurden. Die meisten eingeführten bzw. ausgelieferten Güter und Waren sind gleich. Es werden vor allem chemische Erzeugnisse, Nahrungsmittel und Kfz und -Teile gekauft, während dessen hauptsächlich Kfz und -Teile, Textilien und Bekleidung, chemische Erzeugnisse verkauft werden. Hauptlieferant der Waren ist mit Abstand Spanien, gefolgt von Deutschland und Frankreich. Hauptabnehmer ist immer noch Spanien. Jedoch mit nicht so großem Abstand folgen Frankreich und anschließend Deutschland. GTAI 2017b, S. 2ff.

3.2 Wirtschaft der Azoren

Die nächsten vier Unterkapitel befassen sich mit der azorianischen Wirtschaft im Konkreten. Dabei wird der Prozess der wirtschaftlichen Entwicklung in verschiedenen Kategorien der Azoren beschrieben, Besonderheiten während dieser Entwicklungen aufgezeigt und die Bedeutung des Archipels für das Land Portugal deutlich gemacht.

3.2.1 Wirtschaftsgefüge

Aufgrund der natürlichen Gegebenheiten, wie der Abgelegenheit am Rande der EU, hügeliges Relief und anderen Faktoren, war die Inselgruppe der Azoren schon immer ein strukturschwaches Gebiet. Vor dem Beitritt der Azoren zu Portugal 1983 erzielte der Archipel den letzten Platz bei einem wirtschaftlichen Vergleich aller Regionen Europas. Mit 39% BIP pro Kopf des damaligen Gemeinschaftsdurchschnitts lag die Inselgruppe weit abgeschlagen. 1993 fiel das Ergebnis ähnlich schlecht aus. Der wirtschaftliche Aufschwung kam durch die Unterstützung europäischer Strukturfonds, Ende der 90er Jahre. 2005 konnten die Azoren bereits als „Übergangsregion" eingestuft werden und nicht mehr als „am wenigsten entwickelte Region". Die Azoren erzielten 88% des portugiesischen BIP pro Kopf und einen Indexwert von 70. Im Vergleich dazu wurde der EU – Durchschnitt als Indexwert 100 festgelegt. In den darauffolgenden Jahren konnten die Azoren ihren BIP – Wert bis zu der Wirtschaftskrise, die 2008 begann und von einer anschließenden Rezession gefolgt wurde, langsam aber sicher ausbauen. Im Vergleich zum Festland Portugals hat die Inselgruppe jedoch nicht so sehr gelitten und konnte deswegen die BIP pro Kopf Werte im Vergleich zum Landesdurchschnitt halten. Während die Arbeitslosenquote 2015 in Portugal bei knapp 13,2% lag war lediglich ein Bruchteil der azorianischen Bevölkerung arbeitslos (6,8%). Zudem erholt sich der Archipel wirtschaftlich schneller. Bereits im Jahr 2015 lag die Erwerbsquote bei dem gleichen Wert wie vor der Wirtschaftskrise im Jahr 2007. EUROPÄISCHES PARLAMENT 2015, S. 17f.

Auf den Azoren herrscht, im Gegensatz zum Festland, eine stabile sektorale Verteilung. Seit Ende der 90er Jahre hat sich der prozentuale Anteil der Sektoren kaum geändert. Im Jahr 2012 machte der Primärsektor 9,6% des BIP aus. In den meisten entwickelten Volkswirtschaften ist der tertiäre Sektor am stärksten vertreten. So auch hier. Der Dienstleistungssektor trägt 74,8% zum BIP bei. Somit sind die restlichen 15,6% der Industrie zuzuordnen. Während der Anteil des Primärsektors am regionalen BIP der Azoren zwischen 9 bis 10 Prozent schwankt, hat der prozentuale Anteil des Sektors in Portugal innerhalb von 9 Jahren um 60% abgenommen. Deswegen macht allein der Primärsektor der Azoren 9,3% des primären Sektors von Portugal aus. Zudem sind 11,6% Erwerbstätige auf den Azoren in diesem Sektor tätig, die alleine wiederum 3% aller Erwerbstätigen des primären Sektors von Portugal ausmachen. Als ein Grund für die stark ausgeprägte landwirtschaftliche Ökonomie und die geringe Dynamik der Wirtschaft der Azoren wäre die Schwierigkeit bei der strukturellen Diversifizierung des Archipels zu nennen. Jedoch stellt der Dienstleistungssektor mit Abstand die wichtigste Beschäftigungsquelle auf den Azoren dar (73,9%). EUROPÄISCHES PARLAMENT 2015, S. 18ff.

3.2.2 Tourismus

Laut BMWI (2017b, S. 6) kommt dem Tourismus in Portugal eine wichtige Rolle innerhalb des tertiären Sektors zu. Der Tourismus alleine soll im Jahr 2015 einen indirekten Beitrag von 16,4% am BIP ausgemacht haben und 19,3% der Arbeitsplätze seien von ihm abhängig. Zudem ist ein starker Anstieg an Übernachtungen zu verbuchen. Im Jahr 2004 betrug die Anzahl 31,1 Mio. Übernachtungen. Im Jahr 2015 sind es schon 53,2 Mio. Übernachtungen. Nach AHK PORTUGAL (2017, S. 23) besitzt die Inselgruppe lediglich 3% der Zimmer in Portugal. Zudem liegt die durchschnittliche Zimmeranzahl pro Unterkunft mit 59 Zimmern unter dem portugiesischen Durchschnitt (71 Zimmer). Im Jahr 2014 hatte die Inselgruppe der Azoren 345.000 Gäste zu verbuchen, die insgesamt knapp 1,06 Mio. Übernachtungen mit sich brachten, so BMWI (2015, S. 27). Das sind, prozentual gesehen, mit Abstand die wenigsten Gäste, nämlichen 2,1% und mit 2,3% auch die wenigsten Übernachtungen in allen 7 Regionen Portugals. Daraus resultieren auch die im Vergleich zu den anderen Regionen geringen Gesamteinnahmen. Von den 2,2 Mrd. Euro der Gesamteinnahmen Portugals, machen die Azoren lediglich 2% aus. Überdurchschnittlich sind dagegen die Aufenthaltstage der Besucher. Im Durchschnitt verbringt ein Gast auf den Azoren 3,1 Tage, im Vergleich dazu der allgemeine Aufenthalt in Portugal liegt bei 2,9 Tagen. Zwei Jahre später sind jedoch schon Änderungen festzustellen. Im Jahr 2016 sind auf dem Archipel bereits 1,5 Mio. Übernachtungen (2,8%) zu verbuchen und 0,5 Mio. Gäste (2,6%). Zudem wurden ca. 70.700 Euro eingenommen. Das sind 2,4% von den portugiesischen Gesamteinnahmen (AHK PORTUGAL 2017, S. 25).

„Über die Hälfte der Touristen Portugals sind Ausländer", so BMWI (2017b, S. 9) und davon kommen die meisten Besucher aus Spanien, Frankreich, Deutschland und England. 10,2 Mio. ausländische Touristen waren es im Jahr 2015. Dennoch werden bis zum Jahr 2020 mehr als das Doppelte an Besuchern erwartet. Es gibt 8 Kategorien bzw. sogenannte Segmente, welche als Gründe für Reisen angegeben werden. Die Reihenfolge der Auflistung der Segmente spiegelt auch die Relevanz dieser wider. Die erste Kategorie und damit der beliebteste Grund für Urlaub in Portugal sind „Sonne und Meer". Anschließend kommen „City Breaks" (Städtereisen), „Touring", „Naturreisen", „Gesundheit", „Wassertourismus", „Golf" und schließlich „Gastronomie / Weinreisen". Vor allem in den Kategorien City Breaks, Touring, Naturreisen und Gesundheit ist ein deutlicher Anstieg wahrzunehmen und deren Wachstum soll auch weiterhin anhalten. BMWI 2017b, S. 8ff.

Aufgrund von sogenannten „Low Cost" – Anbindungen und den Auszeichnungen mit Awards wird Portugal nicht nur bekannter, sondern für die Menschen attraktiver (AHK PORTUGAL 2017, S. 21). Das Gleiche Phänomen spielt sich speziell bei den Azoren ab. GINZEL (2017) schreibt im Spiegel Online, dass immer mehr Besucher die Inselgruppe aufsuchen würden, „seitdem Easyjet und Ryanair Mitte 2015 die Verbindung nach Ponta Delgada aufgenommen haben". Zudem habe der Reiseführer – Verlag „Lonely – Planet" die Azoren zu einem der Orte, welchen man unbedingt sehen sollte, gekürt. Es gibt weitere Auszeichnungen, die der Archipel hervorhebt. Ein weiterer Award, den die Inselgruppe erhielt ist der Quality Coast Award von der „European Coastal & Marine Union" (EUCC), so EUROPEAN COMISSION (2013, S. 30). Im QualityCoast – Jury – Report (EUCC 2014, S. 1ff.) steht, dass es eine Auszeichnung für Nachhaltigkeit von Gemeinden, Städten und Inseln ist, welche von der EU anerkannt wurde. Es gibt fünf Kategorien, in welche die Regionen eingestuft werden. Die Kategorien sind „Natur", „Umwelt", „Identität und Kultur", „Tourismus und Unternehmen" sowie „Die Gemeinschaft der Region und Sicherheit". In jedem Bereich lassen sich bis zu zehn Punkte erreichen. Je nachdem in wie vielen Bereichen eine bestimmte Punktzahl erzielt worden ist, wird der Region eine Auszeichnung ausgehändigt. Von Bronze über Silber bis zu Gold und letztendlich Platin reichen die Awards hin. Um einen Platin Award zu erhalten müssen in vier von fünf Kategorien mehr als acht Punkte erzielt werden. Die Azoren haben im Jahr 2012 einen Quality Coast Gold Award erhalten und als erste Region überhaupt im Jahr 2014 eine Quality Coast Platinum Auszeichnung. Im Oktober 2017 hat die Inselgruppe zum zweiten Male einen Quality Coast Platinum Award erhalten, so DE JONG (2017). Alle ausgezeichneten Regionen werden von der EUCC promoviert und erhalten eine

Marketingkampagne (EUCC 2014, S. 4).

3.2.3 Primärer Sektor

Jährlich werden auf den Azoren im Schnitt 13.000 bis zu 15.000 Tonnen (t) Fisch gefangen, davon ist der Größte Teil Thunfisch. Die Region besitzt eine Fischerflotte, welche in drei Segmente unterteilt ist. Ein Bereich der von Booten bis zu 30 Meilen agiert. Ein Zweiter, welcher zwischen 30 und 50 Meilen operiert und der letzte Bereich, der über 50 Meilen liegt. Die azorianische Flotte machte 2011 14,5% aller portugiesischen Boote aus. Von 2005 bis 2011 hat der Fischfang sich um knapp 80% erhöht. Im Jahr 2011 wurden über 16.000 Fische ausgeladen, wobei mehr als 10.000 davon Thunfisch waren. In den letzten Jahren nahmen die Investitionen zu, um den Fischereisektor weiter auszubauen. Jedoch besteht noch ein starker Bedarf an Modernisierung und Ausbau der Verkehrssegmente. EUROPEAN COMISSION (2013, S. 26ff.)

Laut einem Wirtschaftsartikel von MÜLLER (2017), welcher in der überregionalen Tageszeitung die „Welt" veröffentlicht wurde, droht Portugal ein Fischfangverbot von mindestens 15 Jahren, da die Bestände so drastisch gesunken seien, dass diese einen langen Zeitraum bräuchten, um sich zu erholen. Im Oktober wird die EU – Kommission über diesen Vorschlag abstimmen.

Portugal sieht Aquakulturen als eine große Chance, um ihre Fischbestände zu erhalten und verlängerte 2016 die Lizenzen der 1.500 Aquakulturbetriebe. Portugals Ziel ist die Verdopplung der derzeitigen 10.000 t Aquakulturproduktion bis zum Jahr 2020, so Neubert in einem GTAI (2017a) Artikel. Trotz des schnell expandierenden Sektors der Aquakulturen in Europa haben Portugal und insbesondere die Azoren Schwierigkeiten ihre Aquakulturen auszubauen. Es mangelt an Privatinvestoren, da die am häufigst verkauften Fischspezies der EU nicht auf den Azoren beheimatet sind. Zudem erschweren die klimatischen Voraussetzungen die Installation solcher Offshore – Einrichtungen. Um dieses Problem zu lösen, arbeitet die Abteilung der Ozeanographie und der Fischerei an einem Pilotenprojekt. EUROPEAN COMISSION 2013, S. 29

Der Agrarsektor ist einer der Schlüsselsektoren der Wirtschaft auf den Azoren. Dank Investitionen in Modernisierung und Restrukturierung der Produktionsketten konnten Erzeugnisse in den letzten Jahren stabil gehalten werden (EUROPEAN COMISSION 2013, S. 19). Nach dem EUROPÄISCHEN PARLAMENT (2015, S. 23), bieten die Azoren aufgrund klimatischer Bedingungen sowie aufgrund der dort vorhandenen Böden eine hohe Diversität an Agrarproduktionen. Mehr als die Hälfte der Fläche (120.400 Hektar (ha)) gilt als landwirtschaftliche Nutzfläche (LNF) (Stand: 2013). Die LNF wird für Dauergrünland, Ackerland und für den Anbau von Dauerkulturen verwendet. Jedoch macht das Dauergrünland mit 88% bei weitem die meiste Fläche aus. Anschließend kommt das Ackerland, welches fast ausschließlich für Futtermittel genutzt wird. Der Weinbau macht den größten Anteil der Dauerkulturen aus. Die Waldfläche macht etwas mehr als 30% des azorianischen Gebiets aus. Somit ergibt die LNF, sofern die Waldfläche dazu gezählt wird, mehr als 80% der Fläche des Archipels. Dadurch ist der primäre Sektor sehr stark auf der Inselgruppe verbreitet. EUROPÄISCHES PARLAMENT 2015, S. 23

Von den ca. 13.500 landwirtschaftlichen Betrieben besitzt mehr als die Hälfte eine kleinere Fläche als 2 ha. Daraus resultiert eine Durchschnittsgröße der landwirtschaftlichen Betriebe von knapp 9 ha. Der größte Teil der LNF beanspruchen mittelgroße Betriebe (20 bis 50 ha Land). Zwischen den Betrieben herrscht ein großes Gefälle an Einnahmen. So erwirtschaften 31% der Betriebe weniger als 2.000 Euro pro Jahr, während 7% mehr als 100.000 Euro pro Jahr verdienen. Der Verdienst geht mit der Größe des Betriebs einher. Das Durchschnittseinkommen eines Landwirten liegt mit weniger als 15.000 Euro pro Jahreseinheit unter dem anderer Wirtschaftszweige. Viele Erzeuger haben noch einen weiteren Job, da die Erzeuge in der Landwirtschaft nicht für das alltägliche Leben ausreichen. Des Weiteren sind die meisten Betriebe Familienbetriebe und haben somit Familienarbeitskräfte. EUROPÄISCHES PARLAMENT 2015, S. 24f.

Der Pflanzenanbau von Dauerkulturen zeigt dank des Klimas eine hohe Vielfalt. Neben subtropischen Kulturen wie Ananas, Tabak, Tee und Bananen werden auch Holzpflanzen wie Wein angebaut. Aufgrund der ausgeprägten Viehzucht ist der Grünmais die am häufigsten angebaute einjährige Kultur. Mit einer Produktionsmenge von über 270.000 t bei einer Fläche von mehr als 9.300 ha liegt der Grünmais auf Platz eins der angebauten einjährigen Kulturen. Die Zuckerrübe wird am zweit häufigsten gepflanzt mit einer Menge von etwas mehr als 13.000 t. Bei den Dauerkulturen nimmt der Wein flächenmäßig den ersten Platz ein (ca. 930 ha) gefolgt von Orangen (rund 370 ha) und Bananen (290 ha). EUROPÄISCHES PARLAMENT 2015, S. 28f.

Laut EUROPÄISCHEM PARLAMENT (2015, S. 23) werden 88% der LNF zur extensiven Viehhaltung genutzt. Die Azoren erzeugen alleine 30% von Portugals Milchproduktion. Durch Modernisierung und Rekonstruierung wurden im Jahr 2012 40% mehr Erzeugnisse an Milch als im Jahr 1995 erzielt (EUROPEAN COMISSION 2013, S. 21). Die Agrarwirtschaft bildet damit die Grundlage für die weiterverarbeitende Industrie. So hat das veredelte Produkt Käse nach EUROPÄISCHEM PARLAMENT (2015, S. 26ff.), noch mehr Gewinne erbracht als die verkauften Milcherzeugnisse (Stand: 2014). Größter Abnehmer mit 75% der Milchprodukte ist das Festland. Lediglich 15% wird auf der Inselgruppe verkauft. Neben dem Ertrag von Milch und weiteren Milchprodukten spielt die Viehzucht und die damit verbundene Fleischindustrie eine weitere große Rolle. So steht im Aktions Plan der EUROPEAN COMISSION (2013, S. 22), dass die Exporte an Viehschlachtungen von 2005 auf 2012 um 384% gestiegen sind. Das EUROPÄISCHE PARLAMENT (2015, S. 25f.) berichtet, dass die 267.000 Rinder auf den Azoren rund 17% der portugiesischen Bestandes ausmachen (Stand: 2014). So wurden in diesem Jahr rund ein Fünftel der Rinder geschlachtet. Damit erzielte die Inselgruppe ein Nettogewicht von mehr als 12.000 t. Neben dem Rind werden noch Schweine, Geflügel, Ziegen und Schafe geschlachtet, wobei das addierte Nettogewicht noch immer geringer ist, als dass der Rinder.

Die Forstwirtschaft zeigt kaum Aktivitäten. Trotz einer Waldfläche von nahezu 73.000 ha wird lediglich ein Drittel genutzt. Dennoch sind die Erzeugnisse von Holz mit 10,6 Kubikmeter brutto im Jahr eine erhebliche Menge (EUROPAISCHES PARLAMENT 2015, S. 29).

3.2.4 Wirtschaftsprogramme

Wie auf der Homepage der Europäischen Kommission zu sehen ist, hat das Land Portugal sowie die Region der Azoren an einer Vielzahl von Programmen in der Vergangenheit teilgenommen und nimmt weiterhin an einigen Programmen teil, welche sich auf einen zukünftigen Zeitraum auslegen. Diese Programme sind von der Europäischen Kommission finanzierte Fonds und teilen sich in bestimmte Zeiträume auf. Der erste Zeitraum der Programme im neuen Jahrtausend und damit die erste Kohorte fand von 2000 bis 2006 statt. Der nächste Zeitabschnitt in dem europäische Finanzierungen getätigt wurden war von 2007 bis 2013. Die aktuellsten Programme vollziehen sich im Zeitraum von 2014 bis 2020. Die Programme werden in drei Kategorien unterteilt. Es gibt „Nationale Programme", „Regionale

Programme" und „Grenzüberschreitende, transnationale und interregionale Zusammenarbeit". Somit sollen die verschiedenen Ebenen mit ihren unterschiedlichen Zielen präzise gefördert werden. Es gab bereits Programme im 20. Jahrhundert, diese wurden jedoch eher als Gemeinschaftsinitiative angesehen. EUROPÄISCHE KOMMISSION 2017

Die Azoren waren alleine im Zeitabschnitt von 2007 bis 2013 von neun Programmen betroffen. Drei dieser Programme waren auf nationaler Ebene. Ein Programm war regional und damit von der Inselgruppe selbst zu verantworten. Fünf Programme spielten sich auf transnationaler Ebene ab. Im Zeitraum 2000 – 2006 wurden der Archipel ebenfalls durch neun Programme von der EU finanziert. Jedoch vielen hier die Investition viel geringer aus, da nur ein Programm (das regionale Programm) die Azoren im Schwerpunkt thematisierte. Von 2007 bis 2013 war die autonome Region in vier Programmen selbst ein Schwerpunkt und erhielt somit mehr Fördergelder. Dies wären folgende Programme: Das regionale Programm „Azoren", das nationale Programm „Räumliche Entwicklung" und die Programme der Grenzüberschreitenden, transnationalen und interregionalen Zusammenarbeit „Madeira – Azoren – Kanaren" und „Atlantisches Gebiet". EUROPÄISCHE KOMMISSION 2017

Das regionale Programm „Azoren" war mit 1,2 Mrd. Euro finanziellen Mitteln verbunden. Als Ziele wurden die Steigerung der gesamtwirtschaftlichen Leistung, die Schaffung von Arbeitsplätzen, sozioökonomische Gleichgewichtung der Region, Zugang der Bevölkerung zu höheren Qualifikationen sowie mehr Wohlstand und bessere Lebensqualität anvisiert. Diese Ziele sollten anhand von sechs verschiedenen Prioritätsachsen erreicht werden. Dabei hatten diese unterschiedlich starke Gewichtungen und machten somit verschiedene Prozentsätze der Gesamtinvestitionen aus. Mit Abstand wurden die größten finanziellen Mittel für die Prioritätsachse von „Förderung der Vermögensbildung und der Schaffung von Arbeitsplätzen auf den Azoren" ausgegeben (34%). Am wenigsten wurde mit 0,4% in die Achse der „technischen Hilfe" investiert. Als erwartete Wirkung der Unterstützung wurden folgende konkrete Ziele markiert. Das BIP pro Kopf sollte auf 70% des EU – Durchschnitts ansteigen. Als Grundlage dafür zählen knapp 2.000 neue Arbeitsplätze jährlich. EUROPÄISCHE KOMMISSION 2017

Nach den wirtschaftlichen Daten von dem EUROPÄISCHEN PARLAMENT (2015, S.17) haben sie dieses Ziel auch erreicht.

3.3 Der Wirtschaftsplan 2014 – 2020 der Azoren

In dem aktuellen Zeitabschnitt von 2014 – 2020 sind die Azoren in zehn Programmen involviert. Sechs dieser Programme finden auf Grenzüberschreitender, transnationaler und internationaler Ebene statt, während die restlichen Vier nationale Programme Portugals sind. Eines dieser Programme ist theoretisch gesehen ein regionales Programm, welches jedoch nun unter die Kategorie der nationalen Programme fällt. Dabei handelt es sich um das regionale operationelle Programm der autonomen Region der Azoren. Genau wie im Zeitraum 2007 – 2013 wird die Inselgruppe in nur wenigen der Programmen als Schwerpunkt angesehen und erhält somit nur einen geringen Prozentsatz der finanziellen vorhergesehen Mitteln. Im Gegensatz dazu wird das regionale Programm des Archipels von der autonomen Region selbst verwaltet und entscheidet wofür die Gelder investiert werden. Zumindest unter gewissen Einschränkungen die wie folgt erläutert werden. EUROPÄISCHE KOMMISSION 2017

Laut BMWI (2017a), unterstehen die Regionen und Länder gewissen Regeln um die ESI – Fonds zu erhalten. Die ESI – Fonds umfassen den „Europäischen Fond für regionale Entwicklung (EFRE)", den „Europäischen Sozialfond (ESF)", den „Kohäsionsfond (KF)", den „Europäischen Landwirtschaftsfond für die Entwicklung des ländlichen Raumes (ELER)" und den „Europäischen Meeres- und Fischereifond (EMFF)". Diese fünf Fonds haben gemeinsame Regeln und Ziele, für welche die Investitionen genutzt werden müssen. Zudem hat jeder Fond weitere spezielle Regeln und Ziele, die beachtet werden müssen. BMWI 2017a

So erhält zum Beispiel (z.B.) die Inselgruppe der Azoren für das regionale Programm im Zeitabschnitt 2014 – 2020 1,4 Mrd. Euro, wobei diese Investitionen aus dem ESF und dem ERDF hervorgehen. Somit müssen die Azoren die gemeinsamen Regeln und Ziele der ESI – Fonds sowie die speziellen Regeln und Ziele des ESF und des EFRE einhalten. EUROPEAN COMISSION 2017

Im Weiteren wird das regionale operationelle Programm der autonomen Region der Azoren im Zeitraum 2014 – 2020 näher untersucht und daran die von der Regionalregierung erwünschte wirtschaftliche Entwicklung des Archipels erläutert.

Die Azoren erhalten finanzielle Mittel in Höhe von ca. 1,4 Mrd. Euro. Von diesem Betrag sind knapp 1,1 Mrd. Euro Investitionen des ESF und des EFRE durch die EU. Die restlichen rund 255 Mio. Euro werden von den nationalen Gelder des ESF und des EFRE an Portugal gestellt. Der ESF macht ungefähr 370 Mio. Euro der Gesamtinvestitionen für das operationelle Programm der Azoren aus. Knapp 1 Mrd. Euro stellt der EFRE. Von der Gesamtinvestition fließt der größte Teil (370 Mio. Euro) in die Wettbewerbsfähigkeit von kleinen und mittleren Unternehmen (KMU). Am zweit meisten soll mit 270 Mio. Euro in schulische sowie berufliche Ausbildung investiert werden. Knapp 200 Mio. Euro sind dagegen für den dritt größten Bereich, der sozialen Inklusion, eingeplant. Die Infrastruktur des Transport- und des Energienetzes erhält auch einen Investitionsbetrag von über 100 Mio. Euro, genau wie der Bereich für die Nachhaltigkeit und die Qualität der Beschäftigung. Dies sind die fünf Kategorien, in welche die meisten finanziellen Mittel eingeplant sind. Dies sind jedoch nur die Kategorien. Wofür das Geld im speziellen ausgegeben werden soll, wird von der Regionalregierung der Azoren entschieden. Dabei sind 58% der 1,4 Mrd. Euro bereits für bestimmte Programme verplant, jedoch lediglich 24% der Gelder ausgegeben (Stand: 24.10.17). Somit ist noch gar nicht entschieden wofür genau mehr als ein Drittel der Mittel genutzt werden. EUROPEAN COMISSION 2017

Der Aktions- und Strategieplan der Azoren basiert auf zwei Leitfäden. Erstens „Providing the necessary investment for basic infrastructure in diverse areas" (EUROPEAN COMISSION 2013, S. 16), sowie „Economic and social structures which includes promoting private investment and enhancing human capital." (ebd.). Damit soll das Level der Wettbewerbsfähigkeit der regionalen Ökonomie angehoben werden. Dies soll geschehen, indem die Wirtschaft modernisiert und diversifiziert wird. Sektoren mit hohem Wachstumspotential sowie traditionelle Sektoren erhalten Investitionen. Die Entwicklung von KMUs und letztendlich die Innovation neuer Produkte und Dienstleistungen soll unterstützt werden. Zudem werden die Leitfäden von einem Drei – Säulen – Modell erweitert, um die ländliche Entwicklung zu fördern. Dabei geht es um „Smart growth", „Sustainable growth" und „Inclusive growth". Die erste Säule „Smart growth" handelt von der Ausweitung der Wettbewerbsfähigkeit, vor allem im primären Sektor sowie in der weiterverarbeitenden Industrie, durch Innovationen, Restrukturierungen, Entwicklung von neuen Produktionsketten, Verbesserung der Infrastruktur und das Verstärken von Wissen. Die Säule des „Sustainable growth" befasst sich mit dem Einsatz von natürlichen Ressourcen. Diese sollen möglichst nachhaltig genutzt werden. Die letzte Säule „Inclusive growth" soll die

Wirtschaft und ländliche Gebiete unterstützen, indem die Vielfältigkeit der Ökonomie und der Beschäftigung gefördert wird. Zudem soll der Lebensstandard und die Kompetenzen der Arbeitskräfte weiterentwickelt werden. EUROPEAN COMISSION 2013, S. 16ff.

Im Folgenden werden konkrete Beispiele für die Umsetzung der geplanten Ziele genannt.

Während der Periode des Programms soll das Milchquotensystem ein Ende finden. Um dies zu erreichen soll die momentane Produktionskette restrukturiert werden. Dafür sollen große finanzielle Mittel in die Entwicklung und Forschung von diesem Bereich fließen. Dies soll die Marke „Azoren" propagieren und attraktiver gestalten. Des Weiteren soll die Forstwirtschaft weiter ausgebaut werden. Die Holzproduktion soll erweitert werden, sodass in der weiterverarbeitende Branche mehr Arbeitsplätze entstehen und die dortige Arbeitslosigkeit gesenkt wird. Die Fischerei soll wettbewerbsfähiger und zugleich nachhaltiger gestaltet werden. KMUs sollen deshalb unterstützt werden in Produktion, Prozess und Marketing. Die Flotte an Booten, welche den schmalen Küstenbereich abfahren, sollen zudem Investitionen erhalten. Die Zusammenarbeit zwischen Wissenschaftlern und Unternehmen in diesem Bereich soll gefördert werden. Zudem soll die Infrastruktur modernisiert werden. Jedoch soll dabei immer auf die Anzahl der Fischbestände geachtet werden. Deshalb sollen auch Aquakulturen weiter ausgebaut und erforscht werden, um die Fischerzeugnisse zu erhalten. Um den Tourismus zu fördern soll mehr Werbung für Naturreisen, sowohl auf dem Land als auch auf dem Meer gemacht werden, für die Kultur der Azoren, wie z.B. die Thermalbäder und gesunden Tourismus basierend auf lokalen Ressourcen. Für die Azoren spielt, aufgrund der geographischen Gegebenheiten, der Transportsektor eine große Rolle. Deshalb soll eine Modernisierung sowie eine Preisvergünstigung in diesem Sektor stattfinden um Transportwege über Luft, See und an Land einfacher und attraktiver zu gestalten. EUROPEAN COMISSION 2013, S. 15ff.

Als Ergebnis der ersten Säule („Smart growth") wird erwartet, dass mehr als 300 neue KMUs entstehen und mehr als 700 KMUs Investitionen erhalten. Zudem sollen die jährlichen Emissionen von Treibhausgasen um mehr als 47.400 t reduziert werden („Sustainable grwoth"). Außerdem wird hinsichtlich der dritten Säule („Inclusive growth"), die Entstehung von rund 2850 neuen Jobs erwartet. EUROPÄISCHE KOMMISSION 2017

4 Prognosen

Im Folgenden werden zu den Bereichen „Tourismus", „Fischerei", „Landwirtschaft und deren weiterverarbeitende Industrie" sowie „Wirtschaftsgefüge und die Bedeutung für Portugal" Prognosen anhand der in dieser Arbeit ermittelten Daten und Fakten erstellt.

4.1 Tourismus

Laut BMWI (2017b, S. 8ff.) werden Naturreisen sowie Urlaub in den Bereichen Touring und Reisen für die Gesundheit, also der Ökotourismus, immer populärer. Zudem wird ein Zuwachs von 100% im Jahr 2020 gegenüber dem Jahr 2015 erwartet. Dies lässt darauf schließen, dass ein Großteil der erwarteten Touristen Regionen besuchen werden, die ein hohes Angebot in diesen Kategorien aufweisen. Die Azoren sind genau eine solche Region. Der Quality Coast Award Platinum, welcher die Region für ihre besonders nachhaltige Lebensweise auf der Insel auszeichnet, wurde den Azoren erstmals verliehen. Die Inselgruppe ist somit die erste Region, welche diese Auszeichnung erhalten hat und damit auch Ansehen für alle Ökotouristen sowie eine Werbekampagne in Zusammenarbeit mit dem EUCC gewonnen hat (EUCC 2014, S. 1ff.). Dies wird die Reputation des Archipels erhöhen und gleichzeitig Aufmerksamkeit auf sich ziehen. Des Weiteren ist ein höherer Anstieg an Besuchern zu erwarten, da durch die Preisreduzierung im Transportsektor und die verbesserte Infrastruktur des Verkehrsnetzes Flüge auf die Azoren attraktiver gestaltet werden (EUROPEAN COMISSION 2013, S. 42). Vor allem dadurch, dass Easyjet und Ryanair die Azoren auf ihre Anflugstellen platziert haben, folgen mehr Besucher, so GINZEL (2017).

Alles in allem kann erwartet werden, dass die Anzahl an Besuchern auf den Azoren in Zukunft stark steigen wird. Durch die Erwähnungen in renommierten Touristenzeitschriften, wie dem Lonely – Planet, Auszeichnungen im Bereich der Nachhaltigkeit, der vielfältigen Angebote auf den Azoren und der Umstrukturierung im Transportsektor kann davon ausgegangen werden, dass der Archipel in den nächsten zehn Jahren nicht mehr die wirtschaftlich schwächste Region Portugals im Bereich „Tourismus" sein wird, sondern verhältnismäßig wächst und ins untere Mittelfeld gelangen wird.

4.2 Fischerei

Die Fischerei soll durch Modernisierung der Infrastruktur und Unterstützung von KMUs vorangetrieben werden (EUROPEAN COMISSION 2013, S. 28). Zudem kommt die Ausweitung der Aquakulturen um 100% zur Erhaltung der Fischbestände (GATI 2017a). Dennoch sollen die Fischbestände so gesunken sein, dass Portugal ein 15 – jähriges Fischfangverbot droht, so geht es zumindest aus einem Wirtschaftsartikel von MÜLLER (2017) vor. Des Weiteren kommt dem Fischfang der Azoren für Portugal eine große Bedeutung zu, denn einerseits macht die azorianische Flotte 14,5% aller portugiesischen Boote aus und andererseits sind die Azoren ein wichtiger Lieferant an Thunfisch, so steht es im Aktionsplan (EUROPEAN COMISSION 2015, S. 26ff.).

So kann gesagt werden, dass wenn die Azoren die geplanten Ziele umsetzen und die Aquakulturen sowie die Infrastruktur der Fischerei ausbauen und modernisieren sollten, dass die Inselgruppe dann ihre Bedeutung gegenüber Portugal als Fischlieferant hervorheben würde und somit auch dem primären Sektor eine noch wichtigere Bedeutung zukommen würde. Nicht nur wegen des Handels, sondern auch dadurch, dass der Archipel sich dadurch selbst versorgen kann und Arbeitsplätze gesichert und geschaffen werden.

4.3 Landwirtschaft und deren weiterverarbeitende Industrie

Die Azoren sind eine Inselgruppe mit viel Land zur Land- und Viehwirtschaft (EUROPÄISCHES PARLAMENT 2015, S. 23). Zudem ist eine hohe Diversität an Agrarprodukten, aufgrund der vorhandenen Böden, anzutreffen (ebd.). Durch Modernisierung und Rekonstruierung von Produktionsketten wurden in der Vergangenheit die Milcherzeugnisse um 40% angehoben, so der Aktionsplan (EUROPEAN COMISSION 2013, S. 21). Dank dieser Grundlage kann in der weiterverarbeitenden Industrie hohe Exporte erzielt werden. So erzeugen die Azoren alleine 30% von Portugals Milchproduktion (EUROPÄISCHES PARLAMENT 2015, S. 23). Zudem kommt laut EUROPÄISCHEM PARLAMENT (2015, S. 25f.), der starke Zuwachs an Rinderschlachtungen und deren Export an das Festland hinzu. Da der Agrarsektor sowie die Viehwirtschaft hohes Potential und Tradition aufweisen, werden diese besonders durch das regionale Programm im Zeitraum von 2014 – 2020 unterstützt (EUROPEAN COMISSION 2013, S. 19).

Abschließend kann hier gesagt werden, dass die Landwirtschaft und deren weiterverarbeitende Industrie auf den Azoren eine überaus bedeutende Rolle spielen und in Zukunft noch stark wachsen werden. Die Azoren könnten sich als wichtigster interner Lieferant von Agrarprodukten sowie Milcherzeugnissen und Fleischexporten entwickeln und damit eine gewisse Abhängigkeit Portugals zu den Azoren entstehen.

4.4 Wirtschaftsgefüge und die Bedeutung für Portugal

Aus den oben gewonnen Einsichten ist festzuhalten, dass momentan die Region der Azoren für Portugal lediglich im Zusammenhang mit Handel nennenswert ist. Denn die Inselgruppe exportiert bereits eine große Anzahl an Rindern, Fischen und Agrarprodukten. Zudem macht der primäre Sektor des Archipels einen verhältnismäßig großen Teil des BIP und der Beschäftigung von Portugals Primärsektor aus. In Zukunft kann erwartet werden, dass sich dies nicht ändern wird. Dies wird sich dennoch mit hoher Wahrscheinlichkeit nicht auf die sektorale Verteilung auswirken. Denn durch die Investitionen die die Inselgruppe erhalten wird, wird vor allem der Tourismus attraktiver gestaltet. Somit ist zu erwarten, dass sich der tertiäre Sektor auch ausbauen wird und sich letztendlich die Verteilung nicht ändern wird. Im Gegenzug wird jedoch die Beschäftigung steigen, genau wie das BIP pro Person, sodass die Region innerhalb der nächsten 10 bis 15 Jahren als eine entwickelte Region gelten wird. Zudem wird der Archipel nicht mehr die niedrigsten Werte aller sieben Regionen aufweisen und die Region Alentejo überholen.

5 Fazit

Der Archipel hat seit dem 20. Jahrhundert eine merkliche Entwicklung durchlaufen. Diese begann jedoch langsam und erst im 21. Jahrhundert hat die Inselgruppe innerhalb von ca. zehn Jahren ihre wirtschaftlichen Werte in manchen Bereichen verdoppelt. Der Wandel übte sich zwar nicht so stark auf die sektorale Verteilung aus, dennoch brachte dieser einen Basiswert an Infrastruktur und Modernisierung mit sich. Initiiert wurde der rege Wandel durch den Beitritt Portugals in die EU, wodurch die Inselgruppe an verschiedenen Programmen teilnahm und teilnimmt, um den Grad an Entwicklung zu steigern. Dadurch erhielt die Region Investitionen und rückte ins Augenlicht für viele Touristen. In erster Linie profitiert die Bevölkerung von der wirtschaftlichen Entwicklung, da diese Arbeitsplätze, eine gewisse Infrastruktur und Grundversorgung sowie Touristen mit sich bringt. Des Weiteren kommt der Fortschritt auch dem Festland zugute, da dieses somit mehr Einnahmen erwirtschaftet und weniger eigene Ausgaben für die Region tätigen muss, dank internationaler Unterstützung. Zudem haben einzelne Regionen meist keine besonders große Bedeutung für ein ganzes Land, es sei denn, dass diese Region wirtschaftlich sehr stark ist oder sich in einem bestimmten Bereich spezialisiert hat, damit es die Nation durch ausgewählte Produkte oder Dienstleistungen fördern kann.

Schlussfolgernd kann hier gesagt werden, dass die Azoren eine Region sind, deren Wirtschaft stark vom primären Sektor abhängig und somit von geringerer Bedeutung für die Nation ist. Jedoch könnte die Inselgruppe in Zukunft als wichtigster interner Lieferant dienen. Aufgrund der gegeben geographischen Landschaft, den natürlich vorkommenden Ressourcen, der Tradition und der hohen Beschäftigung in diesem Sektor, ist der primäre Sektor momentan überaus wichtig für die Bevölkerung und die wirtschaftliche Entwicklung. Zudem wird der Primärsektor in der Zukunft eine entscheidende Rolle für die Entwicklung der Inselgruppe spielen.

6 Quellenverzeichnis

AHK PORTUGAL (Hrsg.) (2017): Solarenergie und Biomasse im Tourismussektor. Zielmarktanalyse 2017 mit Profilen der Marktakteure. Lissabon.

AUSSENWIRTSCHAFT AUSTRIA (Hrsg.) (2017): Exportbericht Portugal. Februar 2017. Wien.

AUSWÄRTIGES AMT (2017): Wirtschaft. http://www.auswaertiges-amt.de/DE/Aussenpolitik/Laender/Laenderinfos/Portugal/Wirtschaft_node.html (28.10.2017)

BUNDESMINISTERIUM FÜR WIRTSCHAFT UND ENERGIE (Hrsg.) (2015): Zielmarktanalyse Portugal 2015. Dienstleistungen und Equipment in der Tourismusbranche – inklusive Fokus Lissabon, Algarve und Inselregionen. Berlin.

BUNDESMINISTERIUM FÜR WIRTSCHAFT UND ENERGIE (2017a): Europäische Struktur- und Investitionsfonds (ESI – Fonds) (2014 – 2020) – Gemeinsame Bestimmungen. http://www.foerderdatenbank.de/Foerder-DB/Navigation/Foerderrecherche/suche.html?get=6dbfb491a3ce9404c25474caf3af142a;view s;document&doc=2653 (28.10.2017)

BUNDESMINISTERIUM FÜR WIRTSCHAFT UND ENERGIE (Hrsg.) (2017b): Zielmarktinformationen Portugal 2017. Dienstleistungen und Equipment in der Tourismusbranche. Lissabon.

BUNDESZENTRALE FÜR POLITISCHE BILDUNG (2017): Bruttoinlandsprodukt. http://www.bpb.de/nachschlagen/lexika/lexikon-der-wirtschaft/18944/bruttoinlandsprodukt (28.10.2017)

COASTAL & MARINE UNION (Hrsg.) (2014): QualityCoast Award 2014. Jury Report. Leiden u.a.

DE JONG, H. (2017): Four Iberian Destinations received QualityCoast Awards in Cascais. http://www.qualitycoast.info/?p=3347 (28.10.2017)

EUROPEAN COMISSION (2013): Assumptions and context for the Action Plan 2014 – 2020. In the context of the communication from the european commission. http://ec.europa.eu/regional_policy/sources/activity/outermost/doc/plan_action_strategique_e u2020_acores_en.pdf (28.10.2017)

EUROPEAN COMISSION (2017): European Structual and Investment Funds. Data. https://cohesiondata.ec.europa.eu/ (28.10.2017)

EUROPÄISCHE KOMMISSION (2017): Regionalpolitik. InfoRegio. http://ec.europa.eu/regional_policy/de/ (28.10.2017)

EUROPÄISCHES PARLAMENT (2015): Die Landschaft der Azoren. http://www.europarl.europa.eu/RegData/etudes/STUD/2015/567667/IPOL_STU(2015)56766 7_DE.pdf (28.10.2017)

GESELLSCHAFT FÜR WIRTSCHAFTLICHE STRUKTURFORSCHUNG (Hrsg.) (2016): GWS Kurzreport Länder – Portugal. Osnabrück

GINZEL, L. (2017): Ein Hoch auf die Azoren. http://www.spiegel.de/reise/fernweh/sao-miguel-urlaub-ein-hoch-auf-die-azoren-a-1148504.html (28.10.2017)

GERMAN TRADE AND INVEST (Hrsg.) (2017a): Portugal ist mehr Meer als Land. Madrid

GERMAN TRADE AND INVEST (Hrsg.) (2017b): Portugal. Wirtschaftsdaten kompakt. Berlin u.a.

GERMAN TRADE AND INVEST (2017c): Wirtschaftsausblick Juni 2017 – Portugal. http://www.gtai.de/GTAI/Navigation/DE/Trade/Maerkte/Wirtschaftsklima/wirtschaftsausblick ,t=wirtschaftsausblick-juni-2017--portugal,did=1747770.html (28.10.2017)

HEMMER, H. (1988): Wirtschaftsprobleme der Entwicklungsländer. München

MÜLLER, U. (2017): Portugals Fischern droht 15 – jähriges Fangverbot. https://www.welt.de/wirtschaft/article167187423/Portugals-Fischern-droht-15-jaehriges-Fangverbot.html (28.10.2017)

ROBBINS, L. (1968): Theory of Economic Developmnet in the History of Economic Thought. London u.a.

SCHUMPETER, J. (1912): Theorie der wirtschaftlichen Entwicklung. Leipzig.